標籤科技的原理與實際應用

曹健，熊瑋 著

條碼　QR code　RFID

從商品條碼到智慧晶片，
解析資訊識別系統的設計邏輯與生活影響力

條碼掃進去的是什麼？QR code背後的原理為何？
一掃即得的背後，蘊含著數十年的科技進步

看得見的是圖案，看不見的是科技力量！
一本書讀懂現代生活中的資訊標籤

目 錄

叢書序   005

導讀   007

第 1 章   條碼   009

第 2 章   QR code   027

第 3 章   電子標籤   057

目錄

叢書序

資訊科技是與人們生產生活連繫最為密切、發展最為迅速的尖端科技領域之一，對青少年的思維、學習、社交、生活方式產生了深刻的影響，在帶給他們數位化學習生活便利的同時，電子產品使用過量、資訊倫理與安全等問題已成為全社會關注的話題。如何把對數位產品的觸碰提升為探索知識的好奇心，培養和激發青少年探索資訊科技的興趣，使他們適應網路社會，是青少年健康成長的基礎。

放眼全球，內容新、成套系、符合青少年認知特點的資訊科技科普圖書乏善可陳。我們特意編寫了本套叢書，旨在讓青少年感受身邊的尖端資訊科技，提升他們的數位素養，引導廣大青少年關注物理世界與數位元世界的關聯、主動迎接和融入數位科學與技術促進社會發展的趨勢。

本套書採用生動活潑的語言，輔以情景式漫畫，使讀者能直觀地瞭解科技知識以及背後有趣的故事。

書中錯漏之處歡迎讀者批評指正。

叢書序

導讀

參觀展覽不僅是一種放鬆身心的休閒方式,也是一種開闊眼界的學習手段。又到了週末,同學們相約來到科學博物館參觀科普展覽。

大家看到一個展臺。這裡不僅陳列了幾件貼著條碼的物品,還展示了 QR code,以及 RFID(無線射頻辨識)標籤。

「掃這個,掃這個……」

> 導讀

　　條碼、QR code、RFID 標籤……已經融入了人們衣、食、住、行的各方面。但是它們從何而來？為什麼是這個樣子？還可以用在哪些地方？仔細想一想，這些問題的答案我們真的說不清楚呢！

　　既然科普展覽已經激起了你的好奇心，那麼就在本書的陪伴下，繼續你的探索之旅吧！

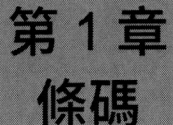

第 1 章
條碼

第 1 章　條碼

編號的作用

　　大家去逛超市的時候，會看到超市裡擺滿了琳瑯滿目的商品。男女老少都在各個貨架旁邊精挑細選，然後推著購物車去收銀臺結帳。

編號的作用

那麼,你有沒有思考過一個問題:收銀員是如何知道每種商品價格的呢?一方面,商品的種類成千上萬,有的在打折促銷,有的對會員優惠,還有一些捆綁銷售;另一方面,同類商品的包裝、體積和顏色非常相近,僅憑肉眼分辨的話,一不小心就會把價格弄混。

第 1 章 條碼

在超市有過購物經驗的人,會注意到一個細節:收銀員是透過掃描商品上面的條碼得知商品的編號,從而進一步獲取它的名稱、價格、生產廠商等相關資訊的。

編號的作用

正如我們每個人都有一個編號——身分證號碼,超市裡面的每種商品也有自己的編號。為了讓編號更容易被機器辨識,人們就用一組寬度不同的「條」(黑條)和「空」(白條)按照一定的規則排列,表示相應的字母或數字。

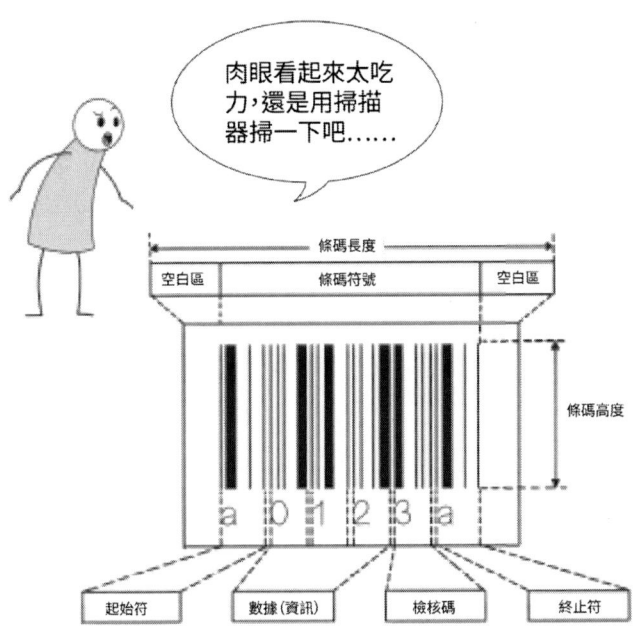

其實,在沒有發明文字之前,人類的祖先也是在洞穴的岩壁上一條一條地畫線,來記錄每天狩獵或採集的成果的。可見,這種編碼的特點就是辨識起來很容易,就算不認字也能猜得差不多。

第 1 章　條碼

編號的作用

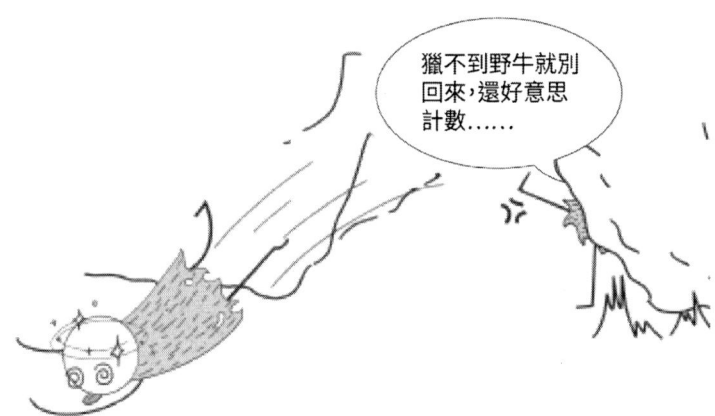

　　為什麼只用黑色和白色的條紋來構成條碼呢？這是由它們的物理特性決定的：白色物體能反射各種波長的可見光，黑色物體則能吸收各種波長的可見光。當條碼掃描器光源發出的光照射到黑白相間的條碼時，就會接收到強弱不同的反射光訊號，再透過專門的設備把這些訊號翻譯為字元。

第1章 條碼

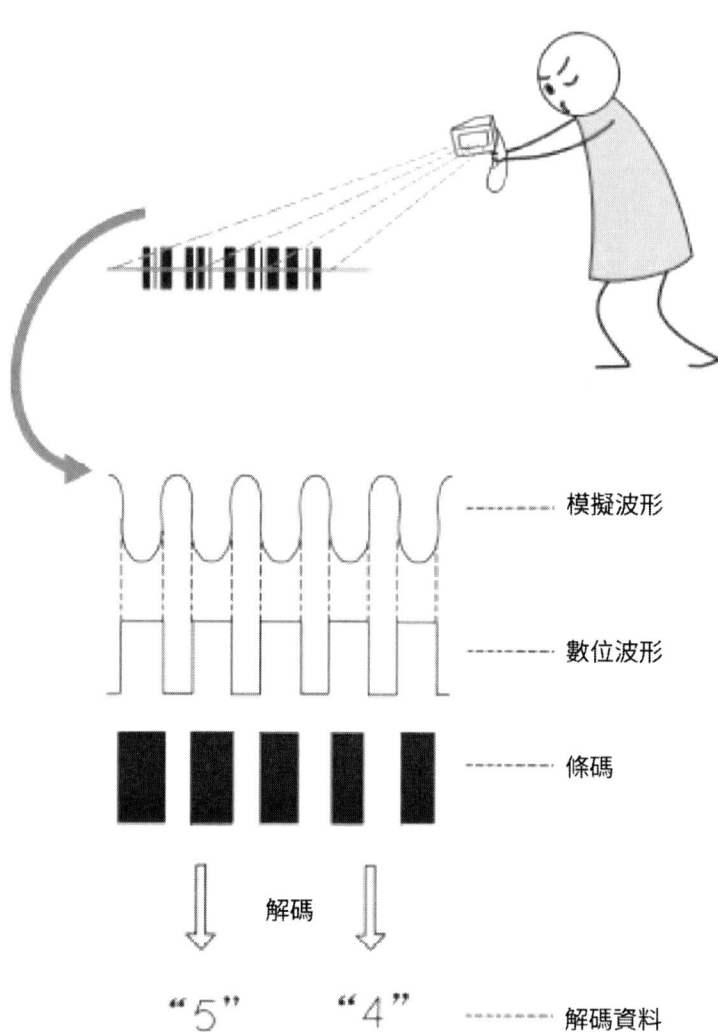

> 編號的作用

IT 趣聞

在 1920 年代的威斯汀豪斯實驗室，發明家約翰·科莫德（John Kermode）「異想天開」地想對郵政單據實現自動分揀[01]。

那個時候對電子技術應用方面的每一個設想都讓人感到非常新奇。他想在信封上做一種標記，方便電子設備辨識收信人的位址資訊。

為此，科芒德發明了最早的條碼標識。他的設計方案非常簡單，用一個「條」表示數字「1」，兩個「條」表示數字「2」，依此類推。他還發明了讀碼設備，包括一個能夠發射光並接收反射光的掃描器、一個測定反射訊號的邊緣定位線圈，和一個分析測定結果的譯碼器。目前的條碼技術雖然是多次改進之後的結果，編碼方式也和以前大不相同，使用起來更加精準可靠，但其基本思想和原理依然沒有與最初的設計差太多。

---

[01] 分揀是指郵政部門對郵寄的物品進行檢查並做分類處理的常規流程。分揀完成後，寄往同一個區域的物品就可以被歸置在一起，批量發送出去。

第 1 章　條碼

編號的作用

辨識條碼的設備有很多種,最常見的就是超市收銀員和快遞員使用的掌上型條碼掃描器。當然,我們的智慧型手機也有這種識別功能。

第 1 章　條碼

隱藏的更多資訊

現在,我們知道條碼表示的就是商品的編號。那麼,超市收銀員是如何知道商品的名稱、價格、生產廠商等相關資訊的呢?

隱藏的更多資訊

其實,在商品進入超市庫房的時候,商品的詳細資訊就已經錄入到超市的電腦裡了。而收銀員手中的條碼掃描器也早就透過數據線或無線網路與電腦連結起來了。我們在櫃檯前結帳付款時,掃描器讀取到商品編號後,計算機就會根據編號在儲存的資料裡尋找更多詳細資訊。

當然,在電腦裡儲存各種商品的詳細資訊,也很有技術層面的考量。一般會在超市的電腦裡建一個商品資料庫[02],裡面有很多資料表。在這些表中,每一行都儲存了一種商品的全部資訊,不僅包括商品的編號,還有商品的名稱、型號、價格、生產廠商等。也就是說,只有在電腦資料庫的輔助下,人們才可以透過條碼獲知商品的詳細資訊。

[02] 資料庫是「按照資料結構來組織、儲存和管理資料的倉庫」,是一個長期儲存在電腦內的、有組織的、有共用的、統一管理的資料集合。

021

第 1 章　條碼

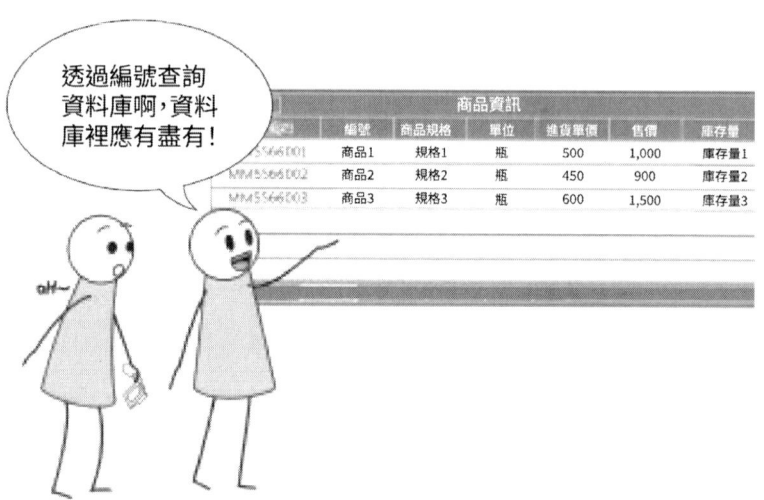

　　換句話說，如果離開了預先建立的資料庫，條碼所包含的資訊豐富程度將會大打折扣。畢竟，這類條碼只包含一串數字或字母（一般不超過 30 個符號），只夠表示商品的編號和名稱。由於這個原因，在沒有資料庫支持或者不方便連上網路的地方，使用條碼就會受到很大的限制。

隱藏的更多資訊

第 1 章 條碼

IT 趣聞

在今天的生產生活中,資料庫的重要作用日益凸顯,對於超市、銀行這類企業更是如此。早在1990年代,就有一些大型超市開始深挖資料庫的潛力了。在一次對超市的資料庫進行整理分析之後,研究人員突然發現:跟尿布一起搭配購買最多的商品竟然是啤酒!尿布和啤酒,聽起來風馬牛不相及,但這是對大量真實購物數據進行分析的結果,反映的是潛在的規律。

於是,超市隨後對啤酒和尿布進行了捆綁銷售,並嘗試將兩者擺在一起,結果使得兩者銷量雙雙激增,為超市帶來了大量利潤。之後進行了更深一步的跟蹤調查,市場行銷專家逐漸發現了其背後的原因:在當地有孩子的家庭中,太太經常囑咐丈夫下班後去超市幫孩子買尿布,而30%～40%的丈夫們會在買完尿布後順手買幾瓶啤酒……

第 1 章 條碼

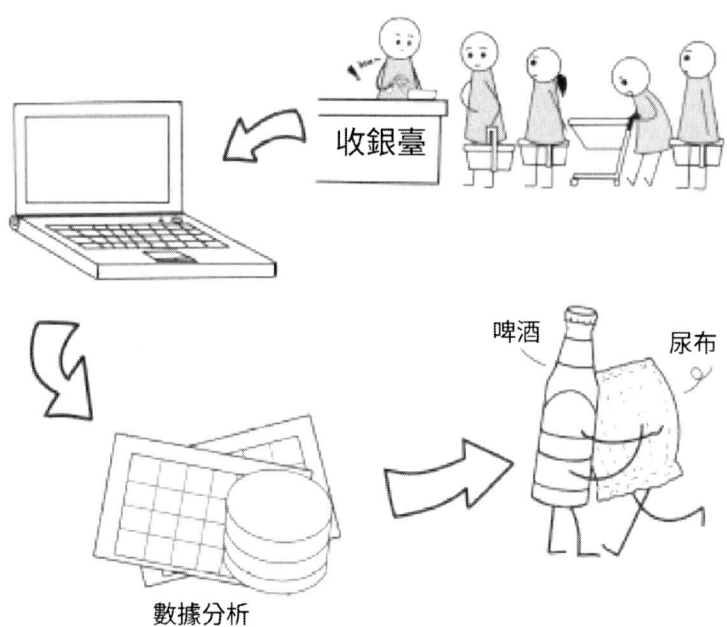

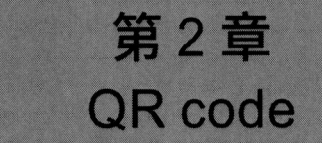

第 2 章
QR code

第 2 章　QR code

從一維條碼到二維條碼

為什麼超市商品的條碼不能把資料庫中的詳細資訊都直接表示出來呢？還要額外進行查詢資料庫的操作，多麻煩。

透過觀察，我們不難發現：上一節所展示的這種條碼只在水平方向上儲存了資訊，在垂直方向上並沒有儲存資訊。這不僅浪費空間，也直接導致了其儲存量不夠大！

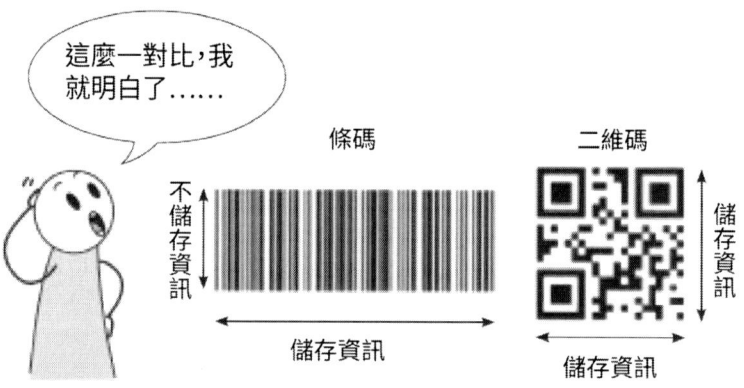

因此，這種只在一個方向上儲存資訊的條碼，我們稱之為一維條碼，簡稱條碼。而能夠在兩個方向上都儲存資訊的「升級版」條碼，我們稱之為二維條碼，簡稱 QR code。

從一維條碼到二維條碼

IT 趣聞

1969 年，美國科幻小說作家艾薩克・阿西莫夫（Isaac Asimov）創作了一部名為《裸陽》（*The Naked Sun*）的小說，書中講述了使用資訊編碼的新方法實現自動辨識的事例。那時，人們覺得此書中的條碼看上去像是一個方格子的棋盤。

第 2 章　QR code

放到今天，專業人士馬上會意識到這是一個 QR code。

但產生真正實用的 QR code，已經到了 1980 年代末。日本的一家公司為了追蹤汽車零組件的製造和使用過程，設計出了我們今天使用的 QR code。它能夠把文字、影像、音訊、影片等相關資訊「編碼」成一個幾何圖形。當用特定軟體解讀這些圖形時，相應的資訊就會顯示出來。

可以說，QR code 的出現，帶來了資訊儲存方式從「線」到「面」的飛躍。條碼一般只能儲存十幾個字元的資訊，而 QR code 可以儲存上千個字元[03]的資訊，這其中不僅包括數字、英文字母，還包括漢字和各種特殊符號。

---

[03] 有關資料表明：二維碼最多可記錄 1,850 個字母或 2,710 個數字，或 500 多個漢字！

第 2 章　QR code

　　條碼的故障容許度比較低,而二維碼採用錯誤校正的技術,遭受汙染以及破損後也能復原。即使受損程度高達30％,仍然能夠解讀出原始資料,誤讀率僅為6,100萬分之一。同樣的道理,條碼在經過傳真和影印後容易發生變形,機器往往無法識讀,但二維碼經傳真和影印後仍然可以使用。

從一維條碼到二維條碼

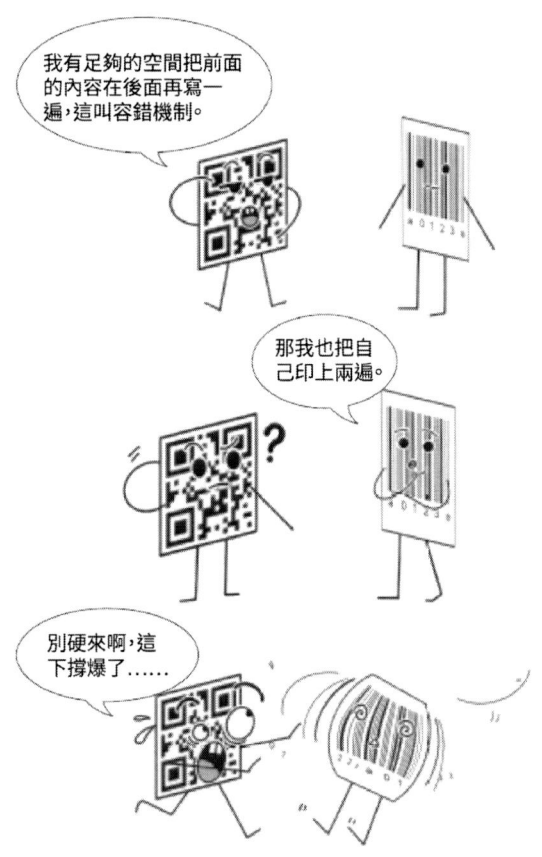

如果仔細觀察 QR code，我們會發現它的結構比條碼更加精巧和複雜。不僅儲存了核心資料、錯誤更正碼、版本格式等資訊，還繪製了一些功能圖形來確定位置和校正扭曲。下面是一個具有代表性的矩陣式 QR code[04] 的結構圖。

---

[04] 二維碼可以分為堆疊式二維條碼和矩陣式二維碼，後者目前使用最為廣泛。

第 2 章　QR code

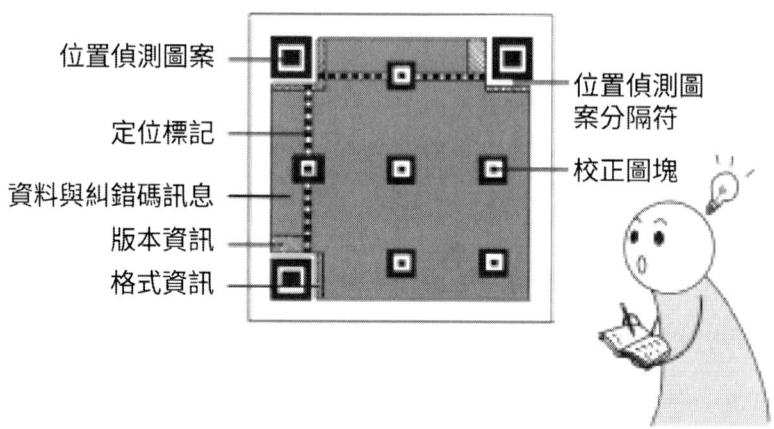

圖中，左上、右上和左下方邊界處的小方框是用於位置探測的圖形，也就是用來「告訴」掃描設備：儲存資訊的有效區域在哪裡。有了這三個小方框，不論你從哪個方向讀取 QR code，資訊都可以被辨識出來。

也許你會問：「為什麼不是四個角上都有小方框呢？」因為根據幾何學的知識，不在同一條直線上的三個點就可以確定一個平面，再多一個點完全沒有必要。而且，節省出一個角的空間來，還可以儲存更多資訊。

從一維條碼到二維條碼

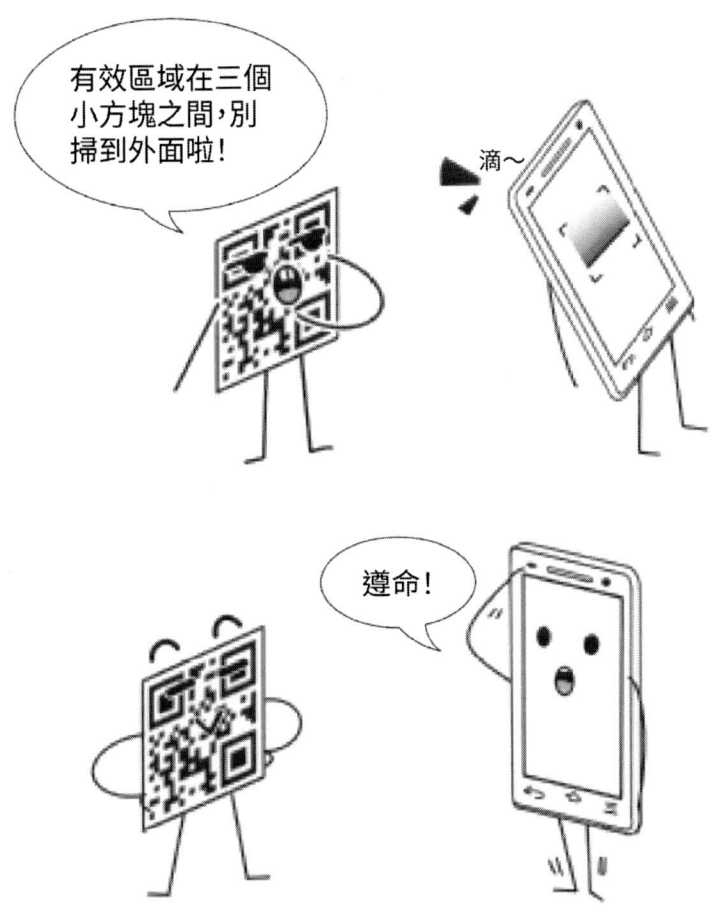

　　正是因為這些結構特徵，QR code 不但可以自由選擇尺寸，還可以進行彩色印刷，並且印刷機器和印刷對象都不受限制，非常方便靈活。甚至，三個小方框也可以替換成小圓圈之類的幾何圖形，讓你幾乎看不出來這是 QR code。

第 2 章　QR code

IT 趣聞

2012 年，在加拿大艾伯塔省拉科姆市的一個家庭農場，凱雷和瑞秋夫婦種出了一個面積巨大的 QR code──2.8 萬平方公尺的玉米田。這個奇特的玉米田已經被金氏世界紀錄認證為當時世界上最大的、可使用的 QR code。有媒體評論稱，這是農業和科技兩個領域的重大突破。

據報導，凱雷和瑞秋在翻看各種雜誌的時候看到上面有不少 QR code，突發奇想地計劃將自家農場的玉米地改造成 QR code 的形狀。於是，他們在設計師和技術工人的幫助下完成了這幅創造紀錄的巨幅作品。當然，這個 QR code 並不是擺設，如果有人在乘飛機從上方經過的時候拿手機對著這塊地一掃，就可以自動跳轉到這家農場的網站。

從一維條碼到二維條碼

不怕做不到，
就怕想不到！

第 2 章　QR code

方便的同時別忘了保護自己

掃 QR code 的時候，不僅能夠獲得一些文字資訊，還有可能得到一張廣告宣傳畫、一幅影像或者一段影片。這是怎麼做到的呢？

方便的同時別忘了保護自己

　　條碼描述了商品的編號，按照編號連結電腦儲存的資料庫，就能讀取該商品的各種詳細資訊。

　　而QR code的內容可以是一個網站伺服器[05]網址以及展示某影像或影片的請求。掃描的同時，你的手機就按照獲取的網址向服務器發送請求，伺服器根據你的請求把圖像或影片傳輸到你的手機，並在手機上進行展示。

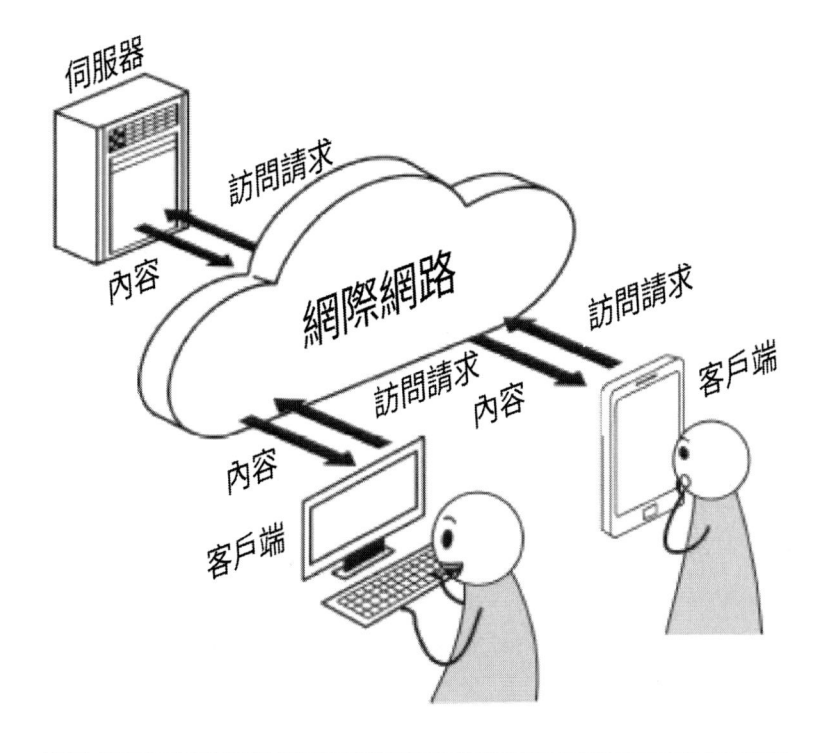

[05] 網站伺服器能夠處理流覽器等用戶端的請求並給出回應。既可以放置網頁檔，供用戶流覽；也可以放置資料檔案，供用戶下載。

第 2 章　QR code

IT 趣聞

　　21 世紀是一個以網路為核心的資訊時代，有人曾這樣感慨：「有網走遍天下，沒網寸步難行」。目前最常用到的三種網路是電信網路、有線電視網絡和電腦網路（也就是傳統意義上的網際網路）。它們向使用者提供的服務有所不同：電信網路的使用者可得到電話、電報以及傳真等服務；有線電視網路的使用者能夠觀看各種電視節目；電腦網路的使用者則能夠迅速傳送資料檔案以及從網路上搜尋並獲取各種有用資料，包括影像、影片和音訊檔案。

　　雖然這三種網路在資訊化過程中都有著十分重要的作用，但其中發展最快並發揮核心作用的還是電腦網路。隨著技術的不斷發展，電信網路和有線電視網路有了逐漸融入現代電腦網路的趨勢，並由此產生了「網路融合」的概念。這樣一來，電話、電視和電腦一樣，都可以成為網際網路上的設備，為人們提供更加豐富多彩的服務內容。

方便的同時別忘了保護自己

兄弟同心,其利斷金!

電信網路

計算機網路

有線電視網路

在生活中,看到這些內容豐富、形式多樣的 QR code,你是不是總有一種「掃描的衝動」?冷靜!別著急!千萬不要「有 WiFi 就連」、「見 QR code 就掃」。

有些不法分子會將木馬病毒[06]等惡意軟體的下載連結嵌入到 QR code 裡。一旦我們掃了這些來歷不明的 QR code,手機就可能下載惡意軟體,進而中毒或被他人控制,導致帳戶資金被盜刷、個人敏感資訊洩漏等風險。

---

[06] 木馬病毒是指隱藏在正常軟體中的一段具有特殊功能的惡意軟體,它是具備破壞和刪除檔、發送密碼、記錄鍵盤等特殊功能的後門程式。

第 2 章　QR code

　　在享受資訊科技帶來的便利之時，我們必須加強安全意識，掃描前先判斷 QR code 的來源是否權威可信。一般來說，正規的報紙、雜誌以及知名商場的海報上提供的 QR code 是相對安全的；對於網站上或社群軟體群組裡釋出的不知來源的 QR code，我們則需要提高警惕；如果透過 QR code 來安裝軟體，最好先用防毒軟體掃描一遍再開啟使用。

方便的同時別忘了保護自己

這些年來,從條碼到 QR code,掃描已經漸漸成了我們生活中不可或缺的一部分。尤其是新冠肺炎疫情暴發後,掃 QR code 通行可以高效防疫,方便安全。

社交時,我們也經常會掏出手機,掃一掃對方的社群軟體 QR code,互加好友,交流資訊。

第 2 章　QR code

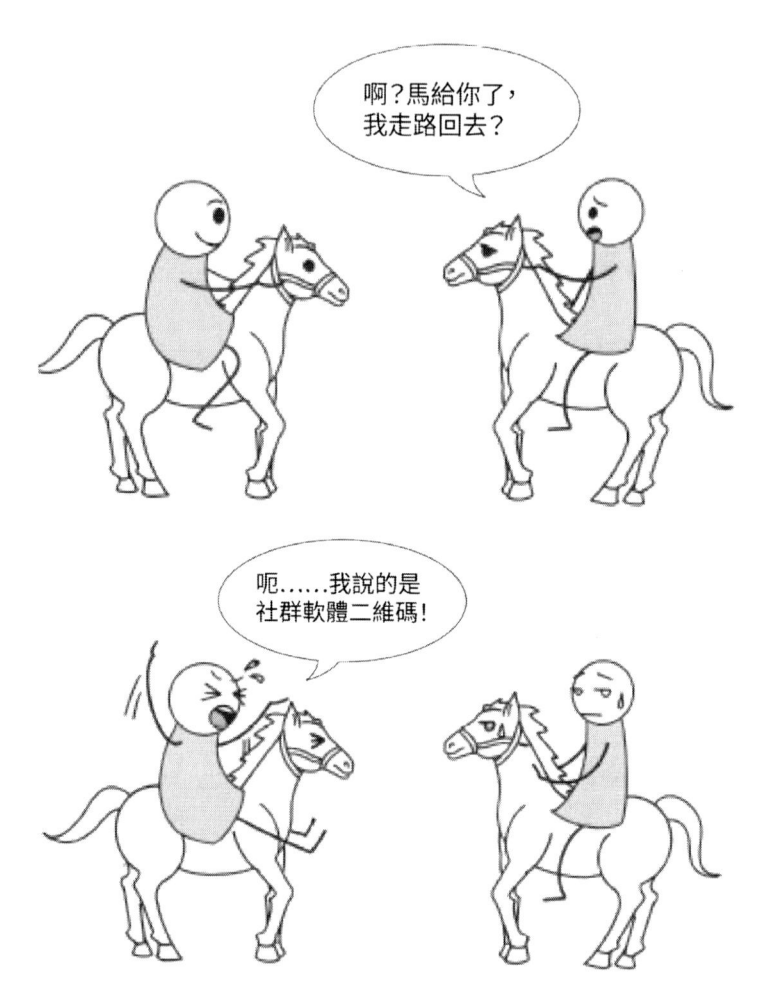

在購物的時候，掃一掃店家的 QR code（也叫收款碼），我們可以快捷付款，不用找零。

方便的同時別忘了保護自己

掃完了,付給張三190元,對吧?

錯了!又掃成隔壁的啦。我的二維碼是下面那個……

　　當然,我們也可以生成自己的付款碼(相當於「金融卡＋密碼」的功能),讓商家進行掃描收錢。雖然付款碼都是

045

第 2 章　QR code

有時效性的，超過一定額度還需要輸入支付密碼，但我們還是要提高安全意識，養成規範操作的好習慣。

在超市櫃檯前排隊的時候，有些顧客為了節省時間，提前打開手機程式生成付款碼。

而犯罪分子一旦發現顧客沒有遮擋好手機上的付款碼，就會用自己的手機在後面偷偷掃描，取走顧客帳戶中的錢。所以，付款碼應該現用現生成，掃描後立刻退出應用程式或關掉螢幕。不要為了一時方便，給予犯罪分子可乘之機。

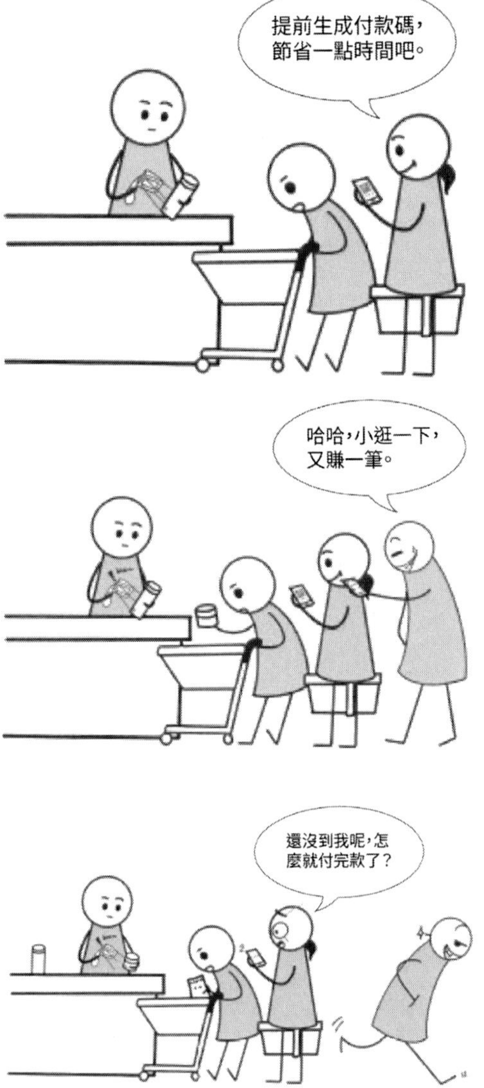
提前生成付款碼，節省一點時間吧。
哈哈，小逛一下，又賺一筆。
還沒到我呢，怎麼就付完款了？

第 2 章　QR code

　　此外，付款碼不要螢幕擷取或拍照發送給別人，上面的付款碼數字也不要發送給別人。一旦發送出去，就相當於洩露了自己的「金融卡＋密碼」。

QR code 的缺點

雖然 QR code 比條碼的功能更強大，應用場景也更廣泛。但還是無法克服與生俱來的固有缺點 —— 讀取資訊的限制條件比較多。

條碼和 QR code 的讀取需要很好的照明條件。我們可能都有過類似的經驗：夜晚如果不打開手電筒，就無法掃描。

掃描的時候，最好讓掃描器與條碼或二維碼處於相對靜止的狀態。如果你站在路邊想掃一下駛過的公車上的廣告 QR code，幾乎是不可能成功的。

第 2 章 QR code

　　掃描器要近距離正對條碼或 QR code。如果兩者之間距離較遠或者角度較偏，很可能導致掃描失敗。比如，你掃不了遠方辦公大樓上的廣告 QR code，除非你的攝影機有光學變焦功能，或者配合使用望遠鏡。

> QR code 的缺點

> 你用手機對著望遠鏡做什麼？

> 月亮上那片陰影好像二維碼，我掃掃看……

此外，條碼或 QR code 一旦生成就無法更改，沒有辦法新增內容和回收使用。所以，無論是條碼還是 QR code，都是用完即扔，過期作廢。

第 2 章 QR code

條碼或 QR code 一次只能讀取一個，不可以批次讀取。

QR code 的缺點

不管是條碼還是 QR code 都必須暴露在表面，這使得掃描器不能讀取包裝盒裡面的二維碼，也無法快速統計貨櫃內物品的種類和數量。

第 2 章　QR code

那麼，有沒有哪種資訊科技，既繼承了條碼和 QR code 的優點，又克服了它們那些固有缺點呢？很幸運，你渴望的這種技術早已出現，並且在近幾年廣泛應用於我們的生活之中。這就是無線射頻辨識（Radio Frequency Identification，

QR code 的缺點

RFID）技術，無線射頻辨識系統中的資料載體是無線射頻辨識標籤，俗稱電子標籤。

第 2 章　QR code

第 3 章
電子標籤

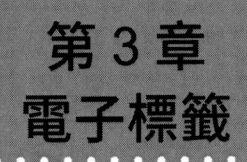

第 3 章 電子標籤

從戰爭中衍生的技術

雷達[07]可以發現遠距離的目標,被人們稱為「千里眼」。它的基本原理是:透過不斷發射出無線電波對遠方目標進行照射,然後接收目標反射回來的無線電波,再進行簡單的運算,就能夠獲得從目標到雷達(無線電波發射點)的距離、距離變化率、方位等豐富的資訊。

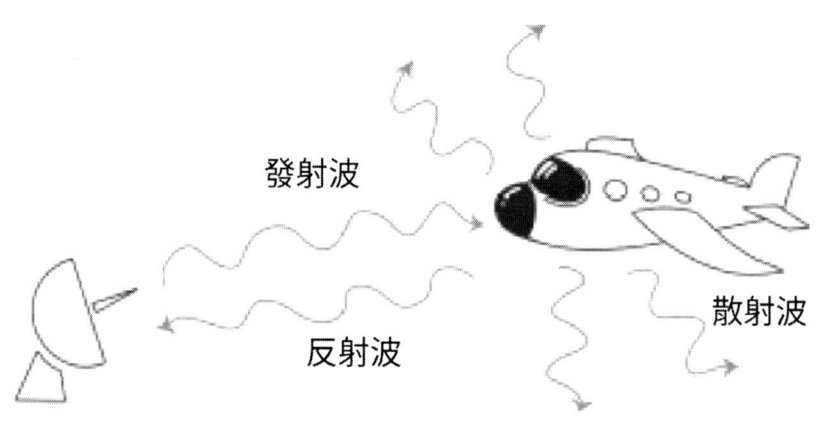

發射波

散射波

反射波

距離＝0.5 × 光速 × 回波時間

---

[07] 雷達是英文 Radar 一詞的音譯,源於 radio detection and ranging 的縮寫,意思為「無線電探測和測距」,即用發射無線電波的方法發現目標並測定其空間位置。

從戰爭中衍生的技術

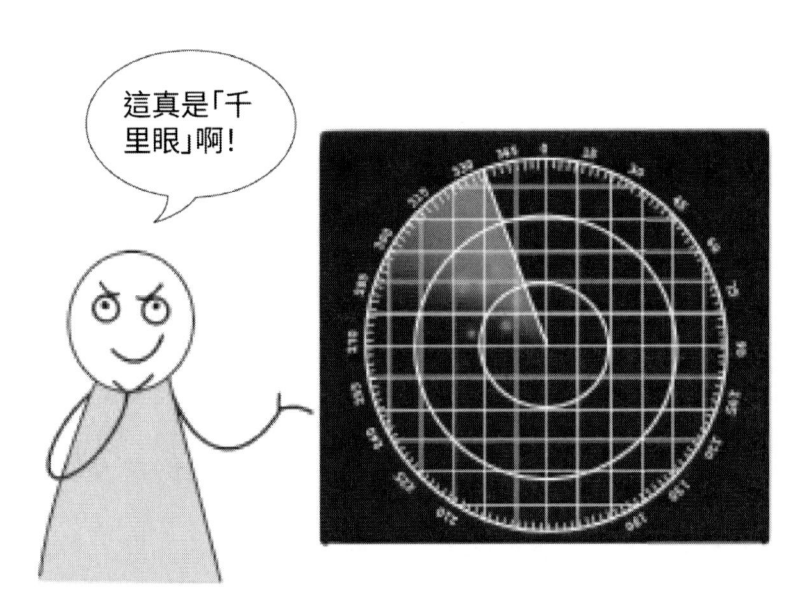

這真是「千里眼」啊!

在第二次世界大戰期間,雷達預警技術已經開始被應用到軍事領域。不過,當時的雷達預警有一個致命的弱點——無法分辨敵我雙方的飛機,這會導致嚴重的後果,比如防空砲誤傷己方。

第 3 章　電子標籤

後來，德國空軍發現當他們在返回基地的時候，如果突然拉起飛機，將會改變雷達反射回來的訊號形狀，從而與尾隨而來的敵軍飛機加以區別。這種簡單的方法算是為飛機貼上了一種區分敵我的「標籤」。

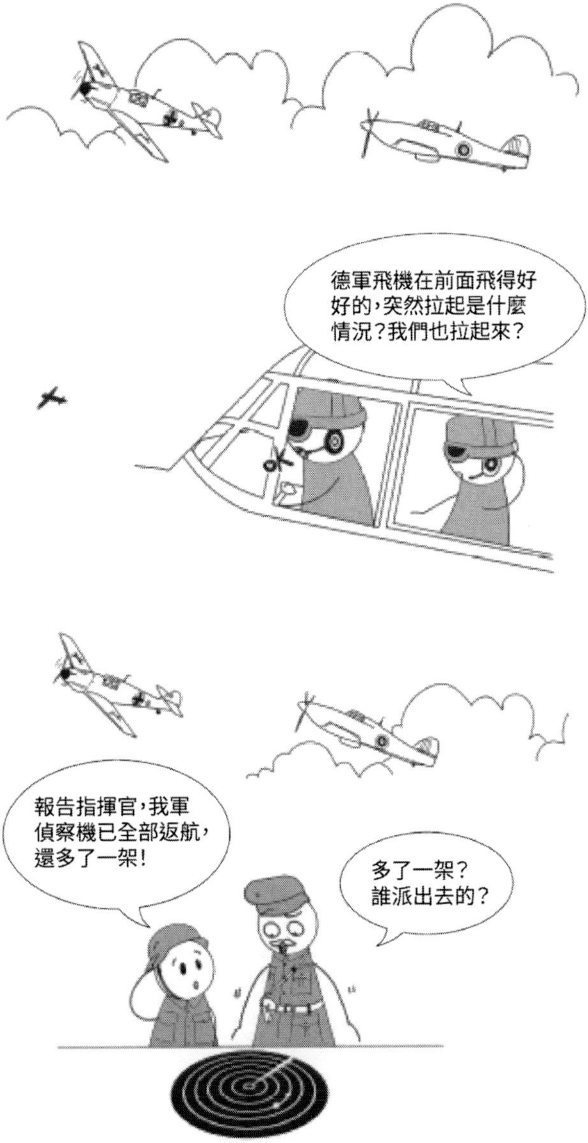
德軍飛機在前面飛得好
好的，突然拉起是什麼
情況？我們也拉起來？
報告指揮官，我軍
偵察機已全部返航，
還多了一架！
多了一架？
誰派出去的？

第 3 章 電子標籤

　　針對雷達預警的短板，英國在二戰期間展開了一個祕密項目，開發出了一種能夠辨識敵我飛機的電子標籤 —— 敵我辨識器。當接收到雷達訊號以後，英軍飛機上的敵我辨識器會主動發送一個特定訊號返回給雷達，而沒有安裝敵我辨識器的德軍飛機則做不到。如此一來，就很容易區分出敵我了。

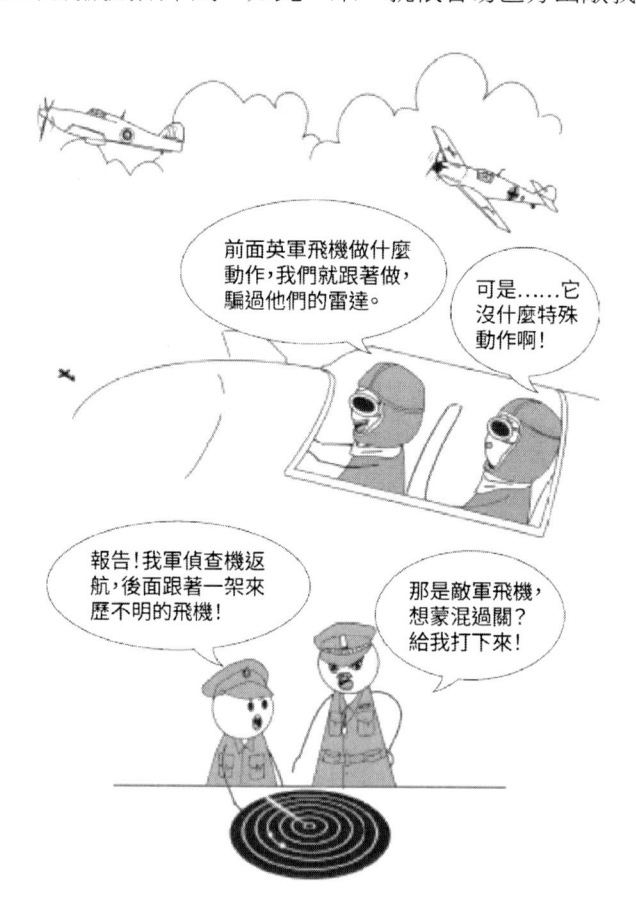

從戰爭中衍生的技術

英軍發明的這種區分敵我的系統元件昂貴並且體積龐大,早期只應用於國防與軍事。後來逐漸被用在了民用航空領域,成為現代空中交通管制的重要工具。

民航飛機上裝有一種類似敵我辨識器的電子標籤——應答機,一旦接收到了地面雷達的詢問訊號,就主動向雷達發送自己的資訊。這樣雷達就能辨識出這架飛機的代號,進而判斷它是否在允許飛行的「白名單」[08]中。

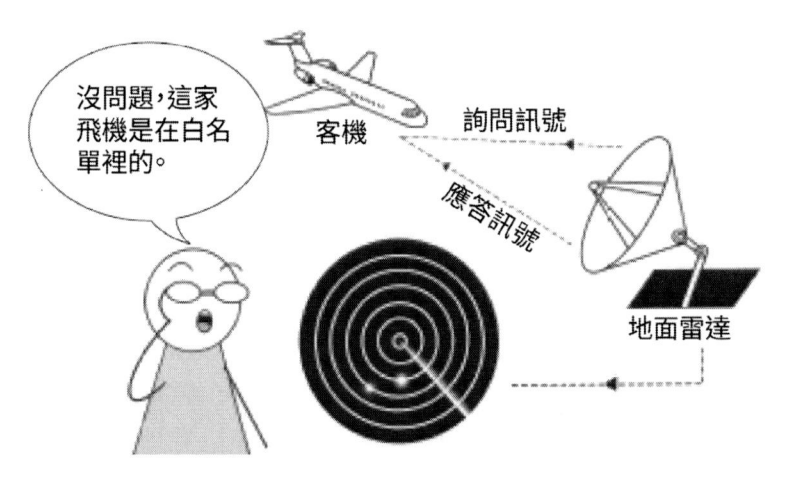

隨著資訊科技的不斷發展,這種功能強大的電子標籤體積越來越小,價格也越來越便宜,於是就被逐漸推廣開來,深入到我們的生活之中。

---

[08] 白名單中羅列了所有允許通過的用戶,白名單以外的用戶都被禁止;黑名單則相反,是羅列不能通過的用戶,黑名單以外的用戶都可以放行。

第3章 電子標籤

電子標籤是無線射頻辨識標籤的俗稱，是無線射頻辨識系統中的資料載體。該系統利用無線射頻方式對電子標籤進行讀寫，從而達到辨識目標和資料交換的目的。

電子標籤，讓生活更加智慧！

IT 趣聞

西元 1666 年，英國科學家艾薩克・牛頓（Isaac Newton）做了一個實驗，後人稱之為「光的色散」實驗，其原理如下頁圖所示。他讓日光透過一個三稜鏡投射到牆上，就得到了一條彩色光斑（包含紅、橙、黃、綠、藍、靛、紫七種單色光），即光譜。這七種單色光的波長各不相同，波長最長的是紅色光（700nm[09] 左右），波長最短的是紫色光

---

[09] 奈米是長度的計量單位，單位符號是 nm。1 奈米 =10^{-9} 米，比單個細菌的長度還要小得多。

（400nm左右）。這些人類肉眼可見的光被我們稱為可見光。日常生活中，大家用普通的手機和相機拍攝的照片，都是可見光影像。

其實光的種類非常多，牛頓得到的只是可見光譜，更加完整的光譜如下頁圖所示。其中，波長比可見光中的紅色光稍長的，我們稱之為紅外線。而波長比可見光中的紫色光稍短的，我們稱之為紫外線。雷達使用的光的波長要比紅外線長，屬於無線電波裡的一種。雷達波具有在任何範圍和任何時間內收集資料的能力，無須考慮氣候以及周圍的光照條件。某些雷達波甚至可以穿透雲層，在一定條件下還可以穿透植被、冰層和極乾燥的沙漠。很多情況下，雷達是探測地球表面不可接近地區的唯一辦法。

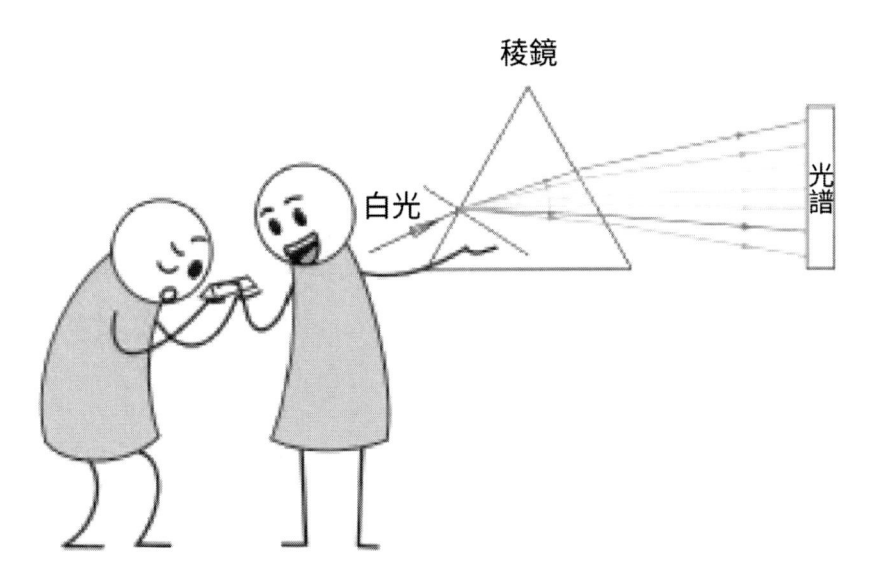

第 3 章 電子標籤

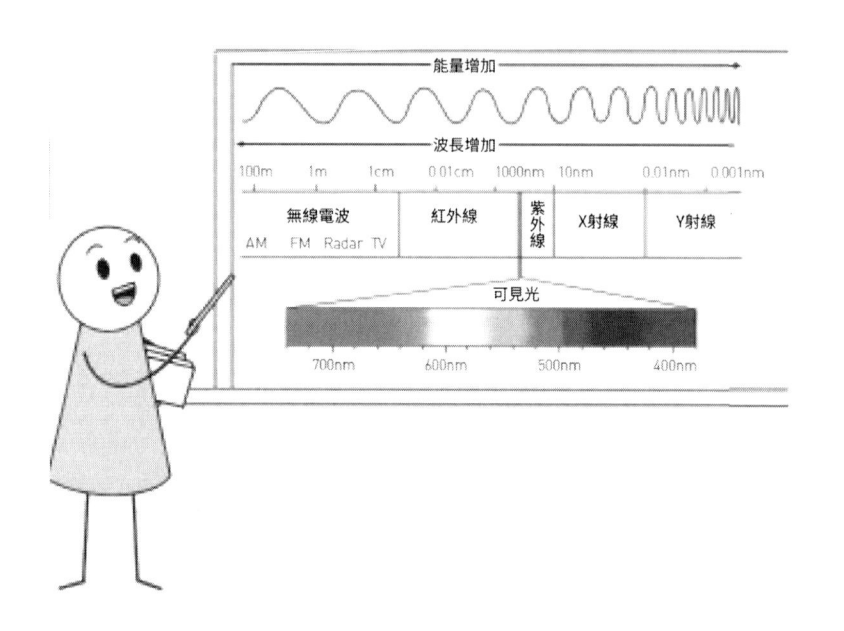

電子標籤如何儲存無形資訊

一個完整的無線射頻辨識系統主要由三部分組成：讀寫器、天線和電子標籤。

其工作過程分為以下四步：

①讀寫器透過天線發出詢問訊號。

②電子標籤接收到詢問訊號後，發出應答訊息。

③讀寫器透過天線接收到電子標籤發回的應答訊息，並進行辨識處理。

④讀寫器將辨識結果傳輸給電腦控制端。

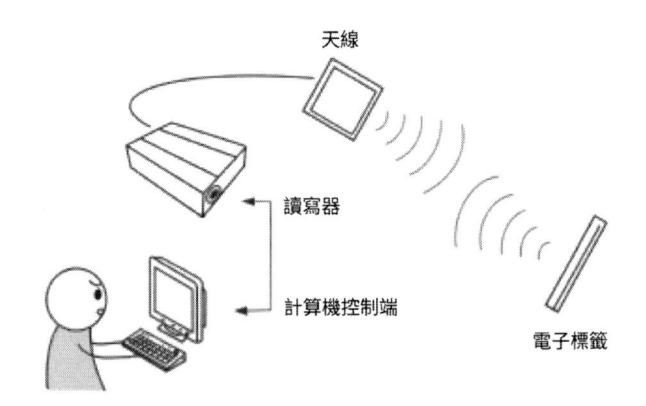

透過上面的介紹可以發現，無線射頻辨識系統的工作原理和雷達極為相似。這是因為它本就來源於雷達技術，從本質上講還是一種無線通訊。

第 3 章　電子標籤

　　所以，電子標籤不需要與讀寫器進行機械或光學接觸便可完成辨識，而且透過晶片能夠儲存數量巨大的「無形」資訊。前面介紹的條碼和 QR code，則是依靠一維或二維的幾何圖案來提供「有形」的資訊。

> 看我多麼「有形」！才華外顯，霸氣外露！

> 兄弟，更高的境界是「無形」，深不可測，藏而不露！

　　另外，你有沒有注意到，「晶片」這個詞好像在談論電腦和手機的時候也經常提起。沒錯，這裡所說的晶片和電

電子標籤如何儲存無形資訊

腦、手機裡的晶片是同一類事物。只不過,電腦和手機裡的晶片功能更複雜、價格更高。而電子標籤裡的晶片功能比較簡單、價格很低。

在當今的各種電子設備裡,無論是我們常用的數字、英文字母、中文漢字、標點符號還是聲音、影像,最終都要轉化成二進制[10]來儲存和處理。

---

[10] 二進制在數學和數位電路中指以 2 為基數的記數系統,它用符號 0 和 1 來表示所有的數。

第 3 章　電子標籤

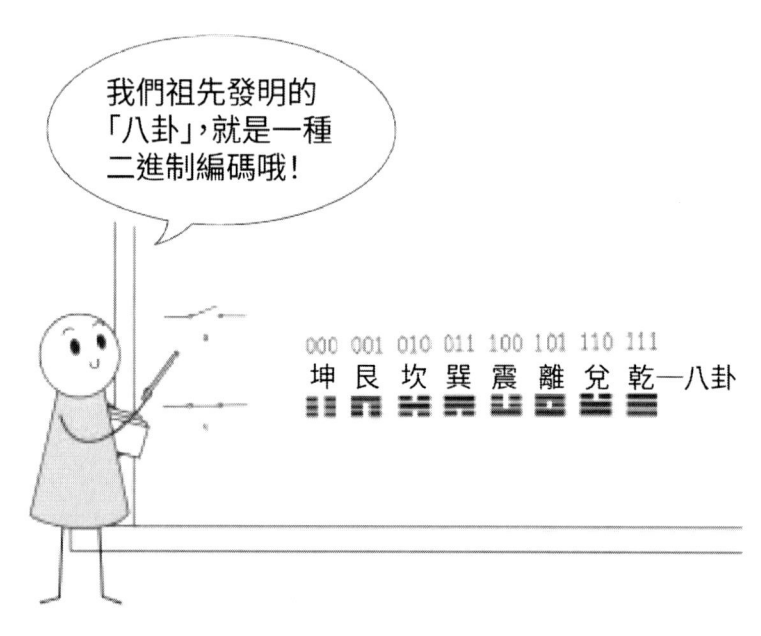

> 我們祖先發明的「八卦」，就是一種二進制編碼哦！

000 001 010 011 100 101 110 111
坤　艮　坎　巽　震　離　兌　乾—八卦

　　二進制的符號 0 和 1 可以分別表示電路的斷電和通電狀態，而電晶體是儲存這兩種狀態的理想電子元件。由於電晶體便宜、耐用且省電，被人們稱為 20 世紀最重要的發明之一。

　　一開始，人們把很多電晶體用導線連接起來，實現資料的儲存和處理。但是這樣一方面比較費力，另一方面還占用了大量空間。於是，有人就想辦法把大批次的電晶體集成起來，構成一個整體，就形成了積體電路，也就是晶片[11]。

---

[11] 可以這麼理解：過去的電晶體、導線及其他元件可以看成鄉村裡面獨立的一間間平房、一條條道路和其他配套設施。現在的晶片相當於整棟樓房，它把成百上千的居住單元、消防通道、排汙設施等集成到了一起，也許整體占地只有百十平方公尺，卻具有了原來占地上萬平方公尺的居住區的功能！

電子標籤如何儲存無形資訊

晶片的整合度越來越高,從早期幾十個電晶體單元的整合,到後來千萬個晶體管彙集到一個小小的晶片中,這種發展速度遠遠超出了我們的想像。

1965 年,高登‧摩爾(Gordon Moore)發現這樣一種趨勢:同一面積晶片上可容納的電晶體數量,一到兩年將增加

第 3 章 電子標籤

一倍。後來，人們把這個週期調整為 18 個月，並把摩爾對這個趨勢的描述稱為「摩爾定律」。

電子標籤如何儲存無形資訊

第 3 章 電子標籤

IT 趣聞

時至今日,一根頭髮尖大小的地方,就能放上萬個電晶體,一臺筆記型電腦大概有幾百億個電晶體,一部智慧型手機約有幾十億個電晶體。在 IT 產業中,無論是電晶體數量、計算速度、網路速度,還是儲存容量,都遵循著摩爾定律。摩爾定律已經被用於任何呈指數級增長的事物上面,帶給科技發展深遠的影響。

一方面,摩爾定律使得硬體價格大幅下降,功能越發強大,設備體積越來越小。原來比較高階的產品,如雷射印表機、伺服器、智慧型手機,已經逐漸從科學研究機構、大型企業進入了普通家庭。另一方面,摩爾定律也為資訊產業的發展節奏設定了基本步調——如果一家資訊科技企業現在和 18 個月前賣掉同樣多的相同產品,它的營業額就要降一半(同樣的勞動,只得到以前一半的收入)。所以,各個公司的研發必須針對多年後的市場進行技術創新,還必須在較短時間內開發出下一代產品,追趕上摩爾定律規定的更新速度。

第 3 章　電子標籤

無處不在的電子標籤

　　由於電子標籤是利用晶片存放「無形」資訊，所以電子標籤的第一個顯著特點就是體積小且形狀多樣。不像條碼，為了讀取精度還得配合紙張的尺寸和印刷品質。

> 這些扁的、圓的、長的，都是電子標籤啊……

　　我們可以把電子標籤做成鑰匙圈的樣子，比如我們住宅區的感應卡。

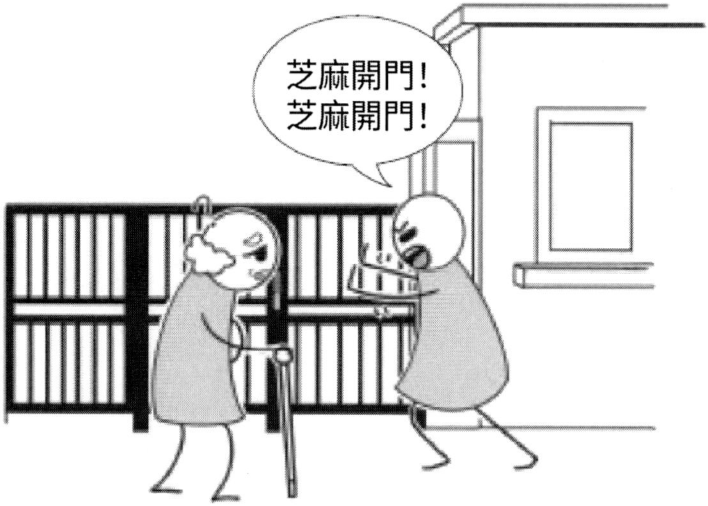
芝麻開門！
芝麻開門！

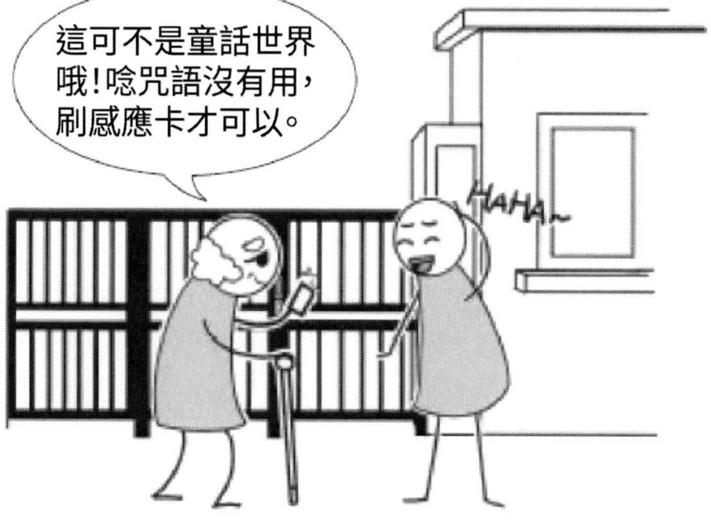
這可不是童話世界哦！唸咒語沒有用，刷感應卡才可以。
HAHA~

第 3 章　電子標籤

可以把電子標籤做成手環的樣子，比如用於醫院或養老院人員管理的智慧手環。

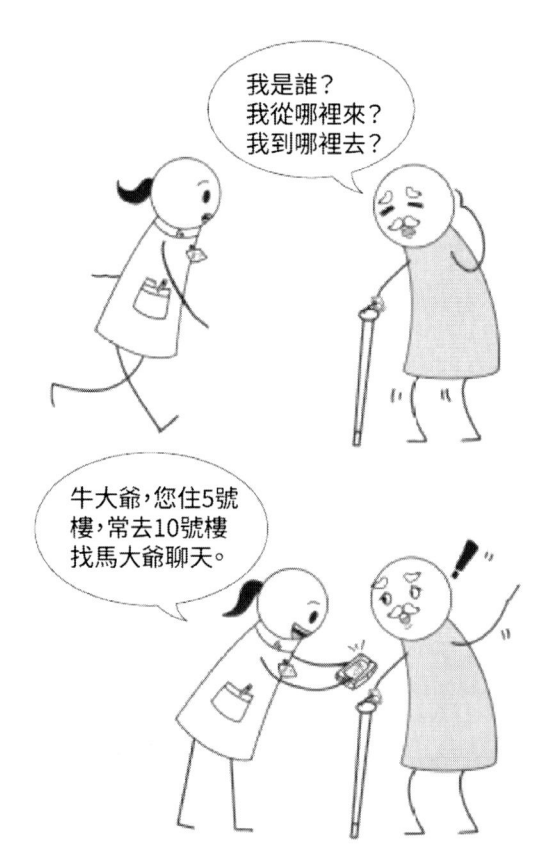

還可以把電子標籤嵌入到手機裡，比如行動支付用到的近場通訊[12]（NFC）功能。

---

[12] 近場通訊是一種短距離的高頻無線通訊技術。使用了近場通訊技術的設備可以在彼此靠近的情況下進行資料交換。

無處不在的電子標籤

電子標籤還能被植入生物體內（比如人體、寵物、野生保護動物等），方便進行身分識別與跟蹤……。

第 3 章　電子標籤

> 妳是怎麼認出我的？

> 你早就被植入了電子標籤，掃掃就知道了……

　　電子標籤的第二個顯著特點是穿透性強且可以批次讀取。我們知道條碼需要在較好的照明條件下一個一個讀取，而電子標籤完全沒有這個限制。且不說在黑暗中，就算在被紙張、木材和塑膠等非金屬不透明的材質包裹的情況下，多個電子標籤也可以同時輕鬆讀取。此外，內部攜帶電源的無線射頻辨識標籤（有源標籤[13]）甚至可以進行遠達百公尺的通訊，這更是條碼或二維碼無法做到的了。

---

[13] 根據內部是否攜帶電源，可以把無線射頻識別標籤分為有源標籤和無源標籤兩種。有源標籤體積稍大、價格稍高，可以主動向四周進行週期性廣播，通訊距離遠。無源標籤相對便宜，需要接收讀寫器發出的電磁波進行驅動，通訊距離也較近。

無處不在的電子標籤

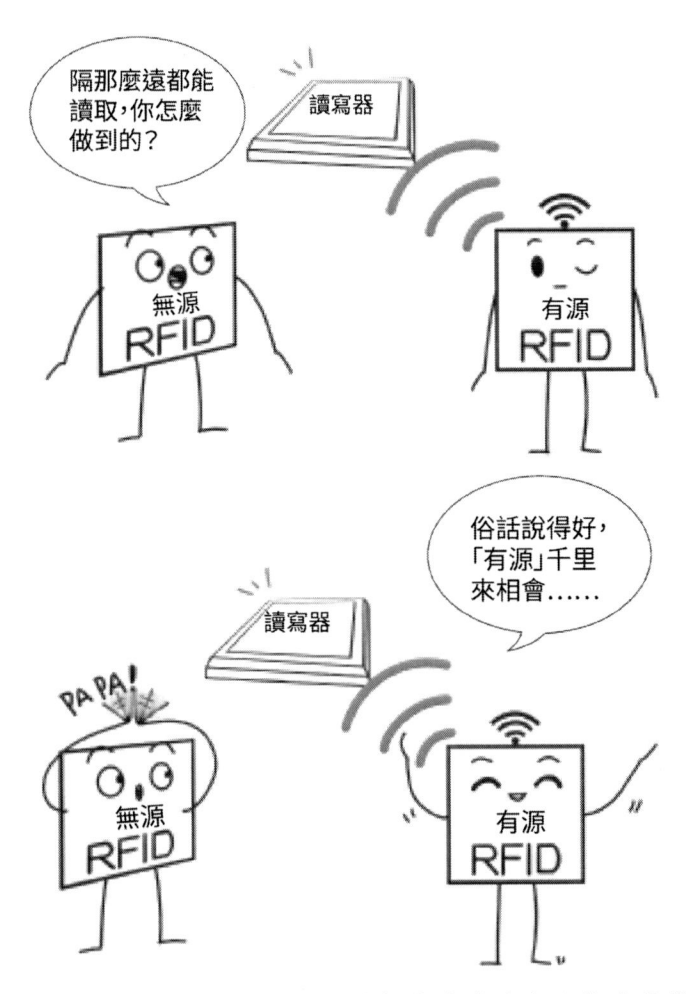

在沒有電子標籤的時候，我們在倉庫中存取物資非常麻煩，需要用筆和紙記錄完再輸入到電腦資料庫中。後來有了條碼，雖然不用手工錄入，但物品往往都裝在箱子裡，箱子

081

第 3 章　電子標籤

又堆疊在一起，封裝和遮擋都會導致清點物品費時費力。現在，電子標籤的出現，有效地解決了傳統倉儲管理存在的問題。

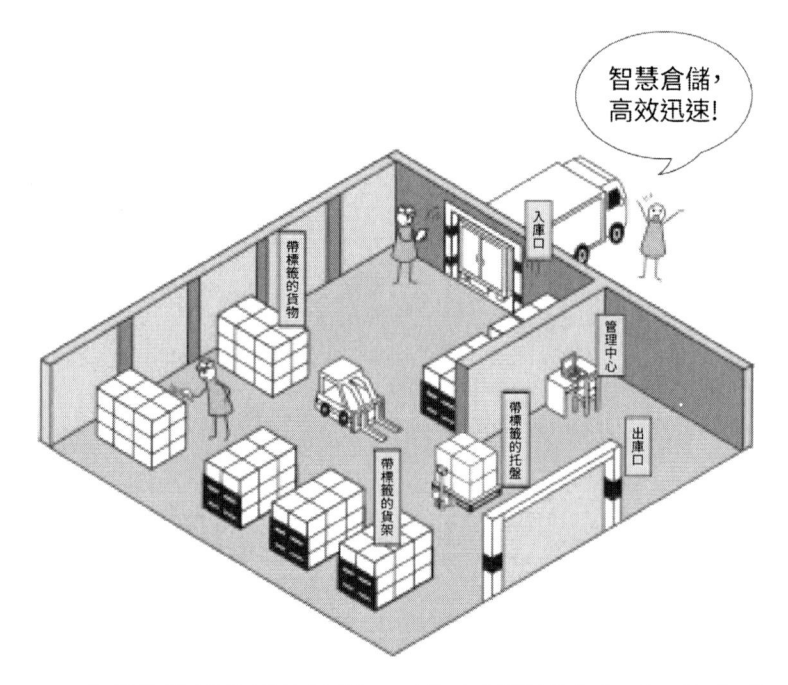

在貨物進出倉庫的時候，工作人員透過在入庫口和出庫口位置部署的固定式讀寫器，無需拆箱就可以高效準確地批次核對貨物數量及型號。如果與入庫單或出庫單對比有錯漏，系統會發出警報，通知工作人員進行處理。

無處不在的電子標籤

在進行貨物盤點的時候，可以使用掌上型讀取器進行非接觸式掃描（通常可以在 1 到 2 公尺範圍內），讀取的標籤資訊透過無線網絡與管理中心的資料庫進行比對，差異資訊實時地顯示在手持終端上，供工作人員核查。

第 3 章　電子標籤

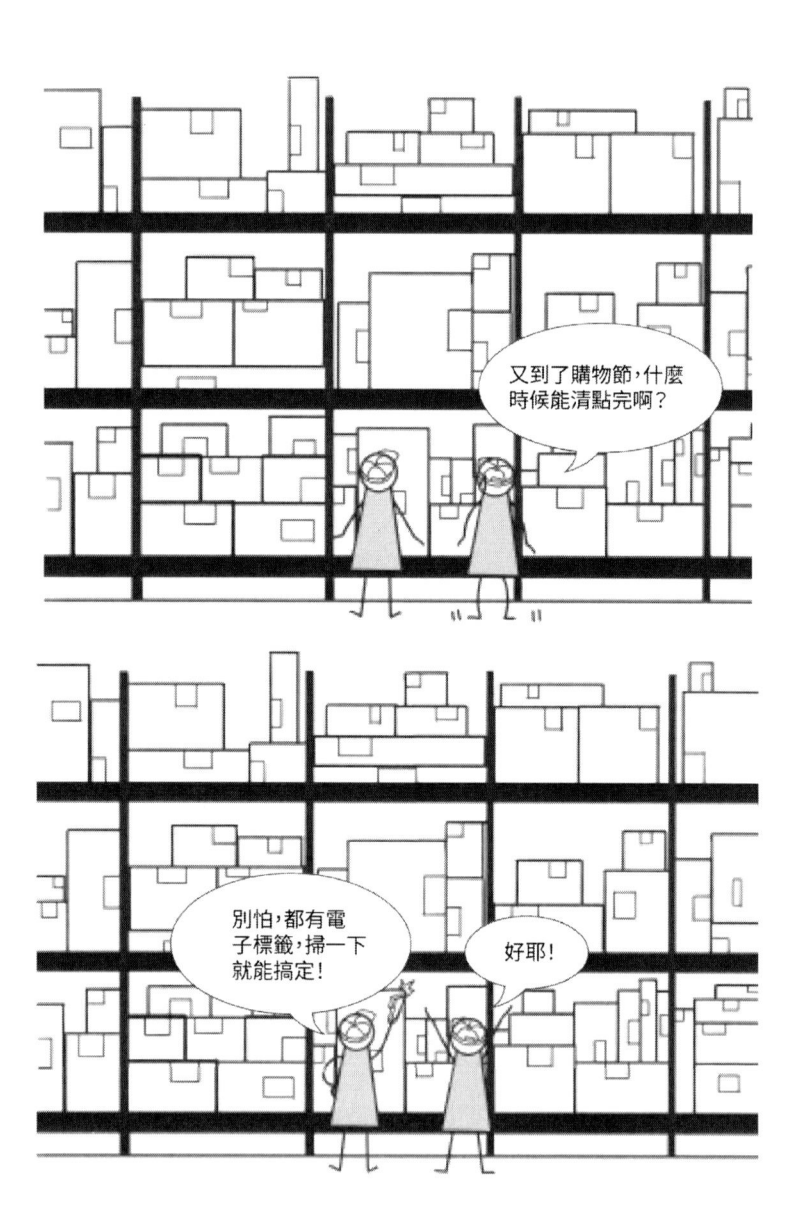

無處不在的電子標籤

電子標籤的第三個顯著特點是可以在運動的狀態下讀取，而條碼或二維碼需要與掃描設備處於相對靜止的狀態。

第 3 章 電子標籤

在使用了以無線射頻辨識技術為基礎發展出來的 ETC（電子道路收費）系統[14]之後，通行速度可以加快 4～6 倍。不僅提高了公路的通行能力，節省了汽車使用者的時間，而且 ETC 出口收費站降低了收費口的噪聲和廢氣排放，節約了基建費用和管理費用。

當車輛從 ETC 車道上駛過時，收費站的讀寫器就可以透過天線與車載電子標籤交換資訊，快速完成繳費業務並自動放行。概括起來有三個關鍵詞：「不停車」、「無人操作」和「無現金交易」。

---

[14] 電子道路收費系統透過安裝在車輛擋風玻璃上的車載電子標籤與在收費站 ETC 車道上的微波天線之間進行的專用短程通訊，利用電腦聯網技術與銀行進行後臺結算處理，從而達到車輛通過高速公路或橋梁收費站無需停車而能交納高速公路通行費或過橋費的目的。

無處不在的電子標籤

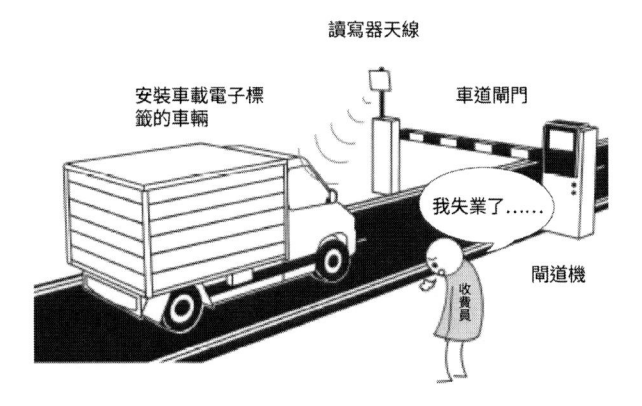

（圖：安裝車載電子標籤的車輛、讀寫器天線、車道閘門、閘道機、收費員「我失業了……」）

隨著技術的不斷進步，ETC 系統在無車道隔離的情況下進行「自由流不停車收費」，也就是說，我們可以按照正常行駛速度（比如時速幾十公里到一百多公里）透過任意車道，並在沒有覺察的情況下自動完成繳費。

（圖：ETC，「高科技啊！都不用減速了！」）

087

第3章 電子標籤

電子標籤的第四個顯著特點是可以重複使用且抗干擾。電子標籤作為一種晶片，不僅可以新增、刪除和修改資料，而且不怕水、油等物質的汙染。

正因如此，在生產、運輸、加工、銷售等各個環節上，人們都可以向商品的電子標籤中寫入相關資料。這樣我們就很容易獲取貨物的全部流通訊息，實現從原料到成品、從成品到原料的雙向追溯功能。

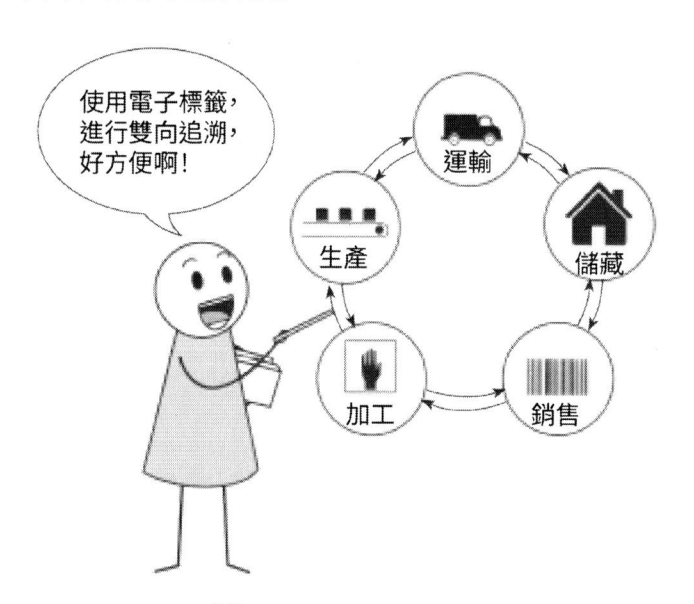

比如食品追溯[15]追蹤資訊系統，就覆蓋了食品生產基地、食品加工企業、食品運輸過程、食品終端銷售等整個食

---

[15] 追溯，即追本溯源，探尋事物的根本、源頭。最早是1997年歐盟為應對「瘋牛病」問題而逐步建立並完善起來的食品安全管理制度。

品產業鏈的上下游。

一旦在消費者那裡發現了食品品質問題，就可以透過電子標籤追查出該食品的生產企業、原料產地、儲存倉庫、運輸工具等，明確事故方應承擔的法律責任。

第 3 章　電子標籤

　　此外，電子標籤作為可以無線傳輸信號的晶片，還能用來進行目標物體定位。人們日常生活中常常會出現「找不到東西」的尷尬情況，有時候急用，只好再買一個救急，這樣很是浪費。對於個人尚且如此，對於擁有眾多資產的大型企事業單位來說，就更加常見，後果也尤為嚴重。

怎麼了？一副失落的樣子。

我前天把家門鑰匙弄丟了，今天在沙發底下找到了。

無處不在的電子標籤

> 那是好事，應該高興啊？

> 可是我爸昨天就把鎖換了……

　　醫院裡的一些設備，比如心電圖機、呼吸機等，價格昂貴且使用頻率不是很高。一般不會讓每個科室各配一臺，而是根據使用的需求隨時移動，用少量的幾臺就可以滿足大部分需求。

　　這種移動性也會帶來不便。比如突然來了個急診病人，

第 3 章　電子標籤

需要使用某些醫療設備,但是這些設備不知道被挪到哪裡去了。就算知道了位置分布,也不一定清楚哪些正在使用,哪些處於空閒……。

如今,只要為每臺設備貼上電子標籤,利用這些標籤快速鎖定位置,就不用在尋找設備上花費大量時間了。此外,未來

還可以透過電子標籤隨時監控設備的工作狀態，提高設備的利用率。一旦出現故障也能及時報警，通知相關人員進行維護。

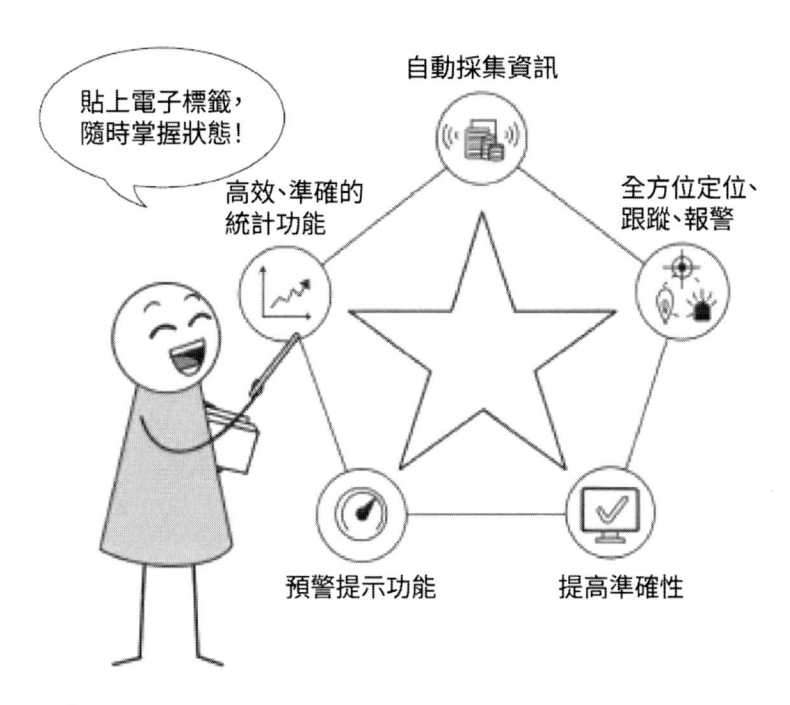

IT 趣聞

我們的手機之所以能夠實現行動通訊，是因為周圍有「基地臺」。行動網路營運商建設了大量相互連通的基地臺，每個基地臺都會覆蓋一個以基地臺本身為圓心的範圍。人們打電話、收訊息的時候，雙方的手機都要先和至少一個基地臺連繫起來。如果自己手機沒有訊號，或者「對方不在服務區」，很可能是因為自己或對方不在基地臺的覆蓋範圍內。

第3章 電子標籤

　　由於每個基地臺的位置是固定的，我們就可以透過基地臺進行手機定位。例如，行動網路營運商發現你在透過某個基地臺上網通訊（該基地臺的覆蓋範圍為半徑50公尺的圓），那麼你就在「以這個基地臺為圓心且半徑為50公尺的圓圈」內。如下頁圖所示，基地臺的覆蓋範圍往往互有重疊，所以當營運商發現你同時和3個基地臺有連繫，那就說明你在3個圓的交界處，這就能夠精確地計算出你的位置了。利用無線射頻辨識技術定位的原理和手機定位類似。只要把基地臺換成讀寫器的天線，把手機換成電子標籤，就行了。

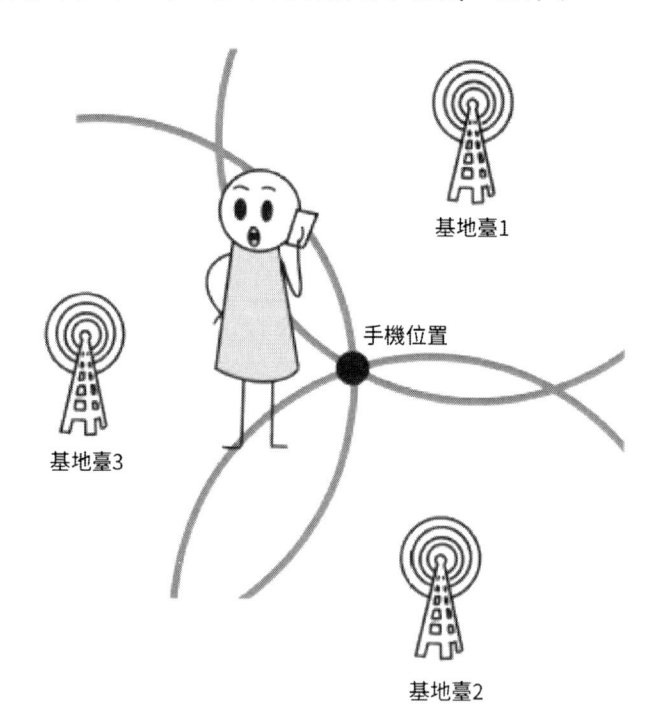

無處不在的電子標籤

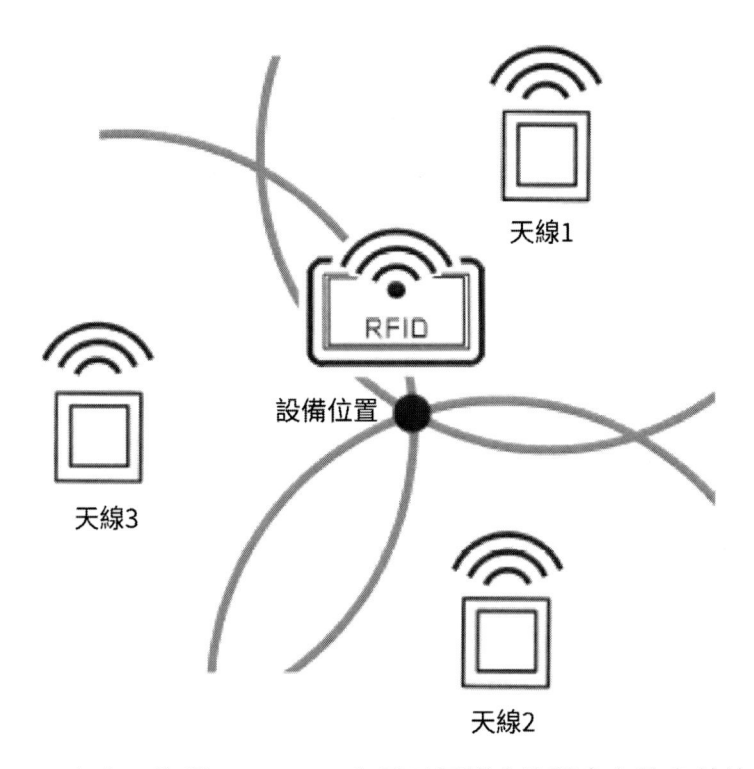

天線1

RFID

設備位置

天線3

天線2

　　未來，條碼、QR code 和電子標籤也許還會有許多其他重要的應用，讓我們拭目以待吧！

國家圖書館出版品預行編目資料

標籤科技的原理與實際應用：條碼×QR code×RFID……從商品條碼到智慧晶片，解析資訊識別系統的設計邏輯與生活影響力 / 曹健，熊璋 著. -- 第一版. -- 臺北市：機曜文化事業有限公司 , 2025.08
面；　公分
POD 版
ISBN 978-626-99909-9-3(平裝)
1.CST: 資訊科技 2.CST: 資訊管理 3.CST: 產業發展 4.CST: 通俗作品
484.6　　　　　　　114011545

標籤科技的原理與實際應用：條碼×QR code×RFID……從商品條碼到智慧晶片，解析資訊識別系統的設計邏輯與生活影響力

作　　者：曹健，熊璋
發 行 人：黃振庭
出 版 者：機曜文化事業有限公司
發 行 者：機曜文化事業有限公司
E - m a i l：sonbookservice@gmail.com
粉 絲 頁：https://www.facebook.com/sonbookss/
網　　址：https://sonbook.net/
地　　址：台北市中正區重慶南路一段 61 號 8 樓
8F., No.61, Sec. 1, Chongqing S. Rd., Zhongzheng Dist., Taipei City 100, Taiwan
電　　話：(02) 2370-3310　傳　　真：(02) 2388-1990
印　　刷：京峯數位服務有限公司
律師顧問：廣華律師事務所 張珮琦律師

-版權聲明-

本書版權為機械工業出版社有限公司所有授權機曜文化事業有限公司獨家發行繁體字版電子書及紙本書。若有其他相關權利及授權需求請與本公司聯繫。

未經書面許可，不可複製、發行。

定　　價：250 元
發行日期：2025 年 08 月第一版
◎本書以 POD 印製